ISBN 978-3-662-24134-9 ISBN 978-3-662-26246-7 (eBook)
DOI 10.1007/978-3-662-26246-7

Die in den Sitzungsberichten Abt. I und Abt. II der math.-nat. Klasse der Österr. Akad. d. Wiss. erscheinenden Abhandlungen werden auch einzeln abgegeben. Sie können durch jede Buchhandlung oder direkt durch die Auslieferungsstelle der Österreichischen Akademie der Wissenschaften (Wien I, Singerstraße 12) bezogen werden.

Nachfolgende Abhandlungen aus dem Fache **Astronomie** sind erschienen:

1950 (S II a, Bd. 159):

Haupt H.: Über Phasenkoeffizienten und Albedo der kleinen Planeten Ceres, Palls, Juno und Vesta, 20 Seiten. S 21.60

Nikoloff I.: Definitive Bahnbestimmung des Kometen 1936 III (Kaho-Kozik.-Lis), 17 Seiten. S 20.40

Pastor M.: Die Feuerkugel vom 4. Jänner 1945, $17^h\,52^m$ MEZ., 22 Seiten. S 16.—

Socher H.: Die Polhöhe der Universitäts-Sternwarte Wien. 10 Seiten. S 8.60

Socher H.: Veränderliche Fundamentalsterne der „Potsdamer Durchmusterung" (mit 2 Abbildungen), 9 Seiten. S 7.20

1951 (S II a Bd. 160):

Eichhorn H.: Die Genauigkeit einer Kreisbahnbestimmung, 15 Seiten. S 8.50

Schrutka-Rechtenstamm Erna: Definitive Bahnbestimmung des Kometen 1932 I, 25 Seiten S 19.80

Senftl E.: Definitive Bahnbestimmung des Kometen 1930 V (Forbes), 15 Seiten. S 13.60

1952 (S II a, Bd. 161):

Ferrari d'Occhieppo K.: Die Häufigkeitsfunktion der Sternmassen (mit 3 Abbildungen), 31 Seiten. S 22.50

Hopmann J.: Selenodätische Untersuchungen, 46 Seiten. S 23.90

Krumpholz H.: Beobachtungen von Kometen und von (433) Eros, 2 Seiten. S 2.20

Nikoloff I.: Photographische Positionen am Normal-Astrographen, 2 Seiten. S 2.20

Schütte K.: Galaktozentrische Bahnelemente von 1026 Fixsternen in der nächsten Umgebung der Sonne (mit 3 Abbildungen), 72 Seiten. S 27.—

Schrutka-Rechtenstamm G.: Definitive Bahnbestimmung des Kometen 1930 III, 21 Seiten. S 8.—

1953 (S IIa, Bd. 162):

Eichhorn H.: Ein verkürztes Verfahren zur exakten Bestimmung von Schrauben- oder Skalenfehlern und Untersuchung des Töpferschen Meßapparates der Wiener Universitäts-Sternwarte (mit 1 Abbildung und 1 Tafel). S 21.50

Hopmann J.: Photometrie von 420 visuellen Doppelsternen. S 35.80

Hopmann J.: Beobachtungen der totalen Mondesfinsternis vom 30. Jänner 1953 auf der Universitäts-Sternwarte Wien (mit 4 Abbildungen). S 18.70

Hopmann J.: Photometrisch-kolorimetrische Beobachtungen von visuellen Doppelsternen. S 19.20

Schrutka-Rechtenstamm G.: Definitive Bahnbestimmung des Kometen 1932 V (Peltier-Whipple). S 29.40

Schütte K.: Galaktozentrische Bahnelemente von 1026 Fixsternen in der nächsten Umgebung der Sonne (mit 5 Abbildungen). S 27.—

Widorn Th.: Die atmosphärischen Verhältnisse bei astronomischen Beobachtungen in Wien (mit 7 Abbildungen). S 7.20

1954 (S II, Bd. 163):

Ferrari d'Occhieppo K.: Leuchtkraftfunktionen und Heß-Diagramm im Bereich der Weißen Zwerg-Sterne (mit 2 Abbildungen). S 14.30

Hopmann J.: Photometrisch-kolorimetrische Beobachtungen von visuellen Doppelsternen. II. Beobachtungen mit dem Rotkeil-Kolorimeter. S 14.90

Hopmann P.: Photometrisch-kolorimetrische Beobachtungen von visuellen Doppelsternen. III. Beobachtungen mit dem Blau-Rot-Keil-Kolorimeter. Diskussion des Gesamtmaterials. Die Farbenhelligkeitsverteilung. S 21.30

Hopmann J.: Der Doppelstern ADS 11632. S 14.30

Die Genauigkeit der Angaben von relativen Höhen auf dem Monde Neue Werte für 163 Punkte

Von

Josef Hopmann

(Vorgelegt in der Sitzung am 14. Jänner 1965)

Zusammenfassung

Nach Darstellung der Ziele der Arbeit, der Beobachtungs- und Reduktionsmethoden werden katalogmäßig die 175 ermittelten Höhen von 163 Punkten nebst erläuternden Bemerkungen mitgeteilt. Die anschließende Diskussion gilt Genauigkeitsbetrachtungen und dem Vergleich mit den Höhenangaben von Mädler, Schmidt und den Karten des U.S.-Army-Map-Service. Die wichtigsten Ergebnisse sind:

Die relativen Höhen sind in jeder der drei Reihen auf etwa 0,2 bis 0,3 km genau. Dabei ist die innere Genauigkeit der visuellen Mikrometermessungen, 0,15 km, recht befriedigend. Auch Höhen aus dem Aufleuchten (Verschwinden) von Spitzen jenseits der Lichtgrenze (Galileis Vorschlag) sind gut brauchbar. Einen merklichen Beitrag zum mittleren Fehler der Höhen gibt aber die Unsicherheit der Koordinaten der vermessenen Stellen.

Die klassischen Messungen von Mädler und Schmidt sind auch heute noch von Wert. Wie genau einem photographischen Atlas Höhen entnommen werden können, soll eine im Gange befindliche Untersuchung erst zeigen.

Summary

The aim of the work and the methods of observation and reduction are discussed. The catalogue gives the relative heights of 163 points on the moon (small hills, ridges etc.). The data of our catalogue and the ones of Schmidt and of the maps of the U.S. Army Map Service are compared with each other.

The main results are: The precision of the relative heights in the three different series is about the same, $\pm$ 0.25 km. The visual measures by micrometer seem to be better than the photographic ones. The appearing (disappearing) of singular peaks beyond the terminator also gives reliable heights. The errors of the coordinates of the observed points decrease the precision of the computed heights.

A. Ziel der Arbeit, Instrument und Beobachtungsart

Für die letzten Dienstjahre und die Zeit meines Ruhestandes hatte ich mir den visuellen 8-Zöller in der Ostkuppel der Wiener Universitäts-Sternwarte durch die Werkstatt so einrichten lassen, daß sich mit ihm auch heute noch brauchbare wissenschaftliche Beobachtungen durchführen lassen. Es handelt sich um mikrometrische Positionsbestimmungen von Doppelsternen, Kometen und dergleichen und um photometrisch-kolorimetrische Beobachtungen solcher Objekte. Vor allem aber sollte Material für kritische Beiträge zur Selenodäsie gewonnen werden, d. h. für die Ermittlung absoluter und relativer Höhen auf dem Monde.

Die Kritik sollte vor allem durch Vergleich mehrerer unabhängiger Beobachtungsreihen untereinander erfolgen. Gewiß gibt der beobachtende Astronom sich immer Mühe, nach den Regeln der Ausgleichsrechnung Werte für die Präzision seiner Resultate abzuleiten. Es ist dies aber nur die innere Genauigkeit. Dabei verleitet die Angabe des wahrscheinlichen Fehlers zu ihrer Überschätzung. Besser ist schon der mittlere Fehler (aus dem in der Praxis der w. F. durch Multiplikation mit 0,675 erst berechnet wird). Noch besser wäre die Angabe des doppelten m. F., kann ja selbst der dreifache, d. h. der fünffache w. F. (selten), einmal rein durch Zufall auftreten.

Zu diesen inneren Fehlern treten die durch eine einzelne Reihe nicht erfaßbaren systematischen Fehlerquellen zufälliger Art. Man könnte fast als Faustregel ansetzen, daß der wahre m. F. einer einzelnen Beobachtungsreihe das Doppelte des inneren m. F., oder das dreifache des w. F. ist. Beispiele dafür, wie die errechneten w. F. eine falsche

Genauigkeit vortäuschen, gibt es zahlreiche in der Astronomie. Nur drei seien kurz angeführt.

Als erstes das Problem der Sonnenparallaxe. Es genügt, auf die Diskussion über die „Fundamentalkonstanten“ auf der IAU-Tagung in Hamburg (1964) hinzuweisen. — Der zweite Fall sind die trigonometrischen Fixsternparallaxen, wozu ich mehrfach Stellung genommen hatte [1]. Wenn da eine einzelne Beobachtungsreihe für einen G0-Stern ($6\overset{m}{,}0$) $\pi = 0\overset{''}{,}025 \pm 0\overset{''}{,}010$ ergibt, so kann der wahre Wert ebensogut $0\overset{''}{,}003$ sein wie $0\overset{''}{,}050$, wie ein Blättern im Yale-Parallaxen-Katalog [2] zeigt. D. h. der Stern ist entweder ein Überriese oder gehört zur Hauptreihe — mit allen Zwischenstufen. Diese Unsicherheiten wurden allmählich erkannt, etwa ab 1930, als die für zahlreiche Sterne vorliegenden unabhängig an verschiedenen Sternwarten erhaltenen π untereinander verglichen wurden. — Ein drittes Beispiel haben wir in der Mondforschung. In zwei Arbeiten [3, 4] konnte ich zeigen, wie wenig gesichert heute noch alle Angaben über absolute Höhen, d. h. bezogen auf eine passende Kugel, auf dem Monde sind. In der vorliegenden Untersuchung geschieht ähnliches betreffend der Höhen eben durch Vergleich von vier ganz verschiedenen Meßreihen von Bergen usw. des Mondes relativ zu ihrer engeren Umgebung.

Die Beobachtungen selbst stammen meist aus den Jahren 1962 und 1963, dazu noch einige aus 1964. Am einzelnen Abend wurden vor allem nach dem „Spitzen-Lichtgrenzenverfahren“ zur Bestimmung absoluter Höhen gemessen (siehe [3]), nur daneben Schattenlängen. An sich ist die massenweise Bestimmung von Mondhöhen heute Aufgabe eines oder mehrerer großer Institute, denen neben den Tausenden Platten, gewonnen an langbrennweitigen Refraktoren auch das nötige Personal zur Verfügung steht. Wie in der Planeten- und Doppelsternforschung zeigen aber visuelle Beobachtungen schon an mittleren Refraktoren z. T. mehr und feinere Einzelheiten als z. B. der prächtige Mondatlas von Kuiper [5]. Er selbst weist in der Einleitung zum Atlas darauf hin, daß sich in die Blätter am Fernrohr gesehene Details eintragen lassen. Seine Mitarbeiter haben entsprechende Aufträge. Siehe auch [6]. Es ist dies eine Fortsetzung der großen Arbeiten der Österreicher Krieger und König [7], die leider vielleicht etwas in Vergessenheit geraten sind.

Nahe der Lichtgrenze werfen die kleinen Höhenzüge Schatten, die mikrometrisch gut, photographisch kaum meßbar sind. So z. B. die Nr. 151 und 155 des nachstehenden Kataloges im Vergleich zu den Blättern E 5 des Atlasses. Nr. 155 liegt nahe den Riphaeen. Es ist interessant, die E 5-Blätter mit Kriegers Darstellung — Atlas wie Text — zu vergleichen und die teilweise Überlegenheit der visuellen Detailarbeit zu erkennen, besonders bei den feinsten Rillen.

Folgende Ziele hatte ich mir gesetzt:

1. Höhenmessungen an kleinen Objekten, die bisher kaum beachtet wurden.

2. Modernisierung und Kritik sowohl des Schattenlängenverfahrens wie des Vorschlags von Galilei, Hevel u. a., der etwa ab 1800 nicht mehr verwendet wurde, das Aufleuchten (Verschwinden) von Bergspitzen zur Höhenmessung zu benutzen.

3. Prüfung der Genauigkeit der Höhen von Schmidt (Mädler) [8] sowie der in den Karten des US-Army-Map-Service (AMS).

Die Höhen, die man mit dem Pariser Mondatlas gewinnen kann, wurden bereits früher untersucht [9]. Eine analoge Prüfung des Kuiperschen Atlasses ist hier im Gange.

Der etwa 1930 aufgestellte Refraktor von Starke und Kammerer hat 21 cm Öffnung und 2,92 m Brennweite. Eine Negativlinse gibt die Äquivalentbrennweite von 5,16 m. Gemessen wurde meist mit 206facher Vergrößerung. Da oft Objekte von 100″ und mehr Abstand miteinander zu verbinden waren, vor allem für die Messung absoluter Höhen, über die in einer anderen Arbeit berichtet werden soll, war eine stärkere Vergrößerung nicht angebracht. Nur bei sehr kleinen Schatten, etwa ab 3″, kamen stärkere Okulare in Verwendung. Aus vorhandenen älteren Teilen wurde ein kleines bequemes Positionsmikrometer gebaut, mit einem horizontalen, drei vertikalen festen und zwei beweglichen Fäden. Aus Polsterndurchgängen ergab sich in üblicher Weise der Revolutionswert der Schraube zu $39\overset{\prime\prime}{.}60 \pm 0\overset{\prime\prime}{.}010$. Das Fernrohr hat elektrischen Antrieb und Feinbewegung im Stundenwinkel, mechanische in Deklination.

Beim Messen der Schattenlängen wurde der feste „horizontale“ Faden in den Positionswinkel (PW) des Terminators entsprechend den Ephemeriden für physische Mondbeobachtungen gebracht. Dadurch ist es stets möglich, eindeutig festzulegen, welche Stelle eines Kraters, Höhenzuges und dgl. den Schatten wirft. Bei den photographischen Atlanten (Paris, Kuiper) sind diese Stellen durch Überbelichtung oft so breit, daß dies nicht gut möglich ist. Bei Objekten von einigen Bogensekunden Ausdehnung sieht man im Okular noch die Spitze, während auf der photographischen Reproduktion, wohl auch auf dem Originalnegativ, der ganze Bereich über 2″ bis 3″ weiß (bzw. geschwärzt) ist. Bei gleicher Phase mag visuell wie photographisch die Schattenspitze gut erkennbar sein. Dann ist die Schattenlänge photographisch unsicher, nicht aber die mikrometrische Messung.

Bei der Messung selbst wurden — ganz wie bei Doppelsternbeobachtungen — die doppelten Distanzen bestimmt mit je 2 mal 3 Einstellungen. Die Beobachtungszeit wurde für die Mitte des Meßsatzes auf eine Minute notiert.

Gemessen wurden die sich jeweils bietenden geeigneten Objekte. Dies waren nur zum Teil Stellen, deren genauen Koordinaten schon von Saunder [10] oder Franz [11] bestimmt waren, oft kleine Höhenrücken usw., deren Positionen entweder durch mikrometrischen Anschluß an Saunder oder Franz-Punkte ermittelt wurden (siehe [3]). Oder aber — durchaus weniger genau — die ξ, η Werte wurden dem IAU-Katalog [12] oder dem Ergänzungsatlas von Kuiper [13] entnommen.

Gelegentlich, besonders zu Anfang dieser Reihe, kam noch eine völlig andere Methode in Anwendung: Das Beobachten des Zeitpunktes des ersten Aufleuchtens oder letzten Verschwindens isolierter Spitzen jenseits der Lichtgrenze, was schon Galilei und Hevel vorschwebte, um 1800 aber vom Schattenlängenverfahren verdrängt wurde. Angesichts der damaligen mangelhaften Unterlagen an Positionen usw. ist dies verständlich. Die Objekte sind dann um mehrere Größenklassen lichtschwächer als ihre Umgebung oder gar Stellen sehr fern dem Terminator. Sie werden gerade noch von den obersten Teilen der Sonnenscheibe beleuchtet. Lichtinseln auf photographischen Reproduktionen sind viel zu hell und hierfür nicht geeignet. Natürlich müssen die Spitzen einige Minuten vor dem Verschwinden oder nach dem Erscheinen mikrometrisch an Stellen von Franz oder Saunder angeschlossen werden. Die Zeit des Verschwindens oder Erscheinens läßt sich gut auf 2 bis 3 Minuten erfassen.

B. Die Bearbeitung der Messungen

Nachstehend sind teilweise die Ausführungen auf S. 93 bis 95 der früheren Arbeit [3] wiederholt.

Interpolierend von 1^h zu 1^h Weltzeit sind den Ephemeriden zunächst zu entnehmen: die geozentrischen Mondörter $\alpha_☾$, $\delta_☾$, b, die Mondparallaxe π, der geozentrische Mondradius s, die geozentrische optische Libration L_0 und B_0, N_0 der Positionswinkel des Nordpols des Mondes, T der des Terminators, C und D die selenozentrischen Koordinaten der Sonne. In bekannter Weise wird nun die Zenitdistanz z auf $0{,}^\circ 3$ genau berechnet (Hilfstafeln oder Nomogramm), ebenso der parallaktische Winkel Q mit (φ die geogr. Breite)

$$\sin Q = \sin t \cdot \cos \varphi \cdot \operatorname{cosec} z; \quad \pi' = \pi\,(1 + \sin \pi \cos z);$$
$$s' = s\,(1 + \sin \pi \cos z) \tag{1}$$

Den Übergang von geozentrischen zu topozentrischen Werten liefern die Formeln (12) der früheren Arbeit (Vgl. [14]):

$$\begin{array}{l|l|l}
\Delta L = -\pi' \cdot \sin (Q - N_0) \sec b & L = L_0 + \Delta L & l_☾ = \cos B \sin L \\
\Delta B = +\pi' \cdot \cos (Q - N_0) & B = B_0 + \Delta B & m_☾ = \sin B \\
\Delta N = -\sin B_0 \cdot \Delta L - \pi \sin Q \operatorname{tg} \delta_☾ & N = N_0 + \Delta R & n_☾ = \cos B \cos L
\end{array} \tag{2}$$

Weitere Hilfsgrößen sind (ψ der Phasenwinkel):

$$l_0 = \cos D \cos C; \quad m_0 = \sin D; \quad n_0 = \cos D \sin C;$$
$$\cos \psi = l_0 \cdot l_☾ + m_0 \cdot m_☾ + n_0\, n_☾ \tag{3}$$

Soweit ist die Rechnung von 1^h zu 1^h zu führen. Es sei nun zuerst angenommen, daß die Koordinaten ξ, η der beobachteten Stelle den Verzeichnissen von Saunder oder Franz oder dem Gitternetz des Supplement 1 von Kuipers Atlas [13] entnommen werden konnten. Dann ist mit

$$\zeta^2 = 1 - \xi^2 - \eta^2; \quad \sin h = l_0 \cdot \xi + m_0 \cdot \eta + n_0 \cdot \zeta \tag{4}$$

die Höhe h der Sonne über dem Horizont der Spitze zu berechnen. Dabei wird der Mond als Kugel angenommen.

Bei Schattenmessungen muß h stets positiv sein, bei verschwindenden oder erscheinenden Spitzen allermeist negativ.

Letzterer Fall sei zunächst weiter behandelt.

h gibt dann die Depression der Sonnenmitte unter dem idealen Horizont. Da aber das erste (letzte) Leuchten der Spitze beobachtet wird, d. h. das Licht nahe dem Sonnenrande, ist die Depression um fast den Sonnenradius kleiner, d. h. genügend genau um 12′ oder 0,2°. Also $h_\sigma = h + 0{,}20°$.

Dann ist die gesuchte Höhe der Spitze H in Einheiten des Mondradius

$$H = \sec h_\sigma - 1, \tag{5}$$

was, mit 1738 multipliziert, die Höhe in km gibt.

Die gemessenen (doppelten) Schattenlängen — in Schraubenumdrehungen — sind mit $\frac{R}{28'}$ zu multiplizieren (R = Resolutionswert der Schraube), um die projizierte Länge ρ in Einheiten des Mondradius zu haben.

$$\sigma = \rho \,.\, \operatorname{cosec} \psi \tag{6}$$

ist dann die wahre Schattenlänge.

Bei den Messungen wurde stets die äußerste Grenze, also der Halbschatten eingestellt, der von der unteren Hälfte der Sonne herrührt. h wurde daher um 0,20° zu h_Q verkleinert. Dann gilt für die relative Höhe — die Formel

$$H = \sigma \cdot \sin h_Q - {}^1\!/_2 \cdot \sigma^2 \cos^2 h_Q. \tag{7}$$

was noch mit 1738 multipliziert H im km liefert.

Wurde dagegen die Spitze erst mikrometrisch an einen Saunder-(Franz-)Punkt angeschlossen, mit der Distanz ρ und dem Positionswinkel ϑ, so erhält man ihre Koordinaten wie folgt. ξ_0 und η_0 seien die Werte des Anschlußpunktes bzw. mit (8) $\xi_0 = \cos \beta_0 \sin \lambda_0$, $\eta_0 = \sin \beta_0$ die entsprechenden Längen und Breiten. Durch die Libration ändern sie sich in

$$(\xi_0) = \cos(\beta_0 - B) \cdot \sin(\lambda_0 - L); \quad (\eta_0) = \sin(\beta_0 - B) \tag{9}$$

Dann sind

$$(\xi) = (\xi_0) - \rho \sin(\vartheta - N); \quad (\eta) = (\eta_0) + \rho \cos(\vartheta - N). \qquad (10)$$

die mit Libration behafteten Koordinaten der Spitze. Aus ihnen erhält man schließlich die librationsfreien Werte ξ, η mit

$$\sin(\beta - B) = (\eta); \cos(\beta - B)\sin(\lambda - L) = (\xi); \; \xi = \cos\beta \sin\lambda; \eta = \sin\beta \quad (11)$$

C. Die Einteilung des Kataloges

Spalte 1: Laufende Nr. Bisher hatte jeder Katalog von Mondobjekten und jedes Kartenwerk seine eigene Ordnung bzw. Blatteinteilung, was Vergleiche erschwerte. Auch die Folge der Blätter geht teils von innen nach außen, teils von Nord nach Süd und auch noch anders. Es erschien zweckmäßig, die Anordnung der Messungen nach der sehr übersichtlichen Einteilung in dem neuen großen Atlas von G. Kuiper [5] vorzunehmen. Siehe auch Spalte 4.

Spalte 2: Nr. im Katalog der IAU [12].

Spalte 3: Name im Katalog der IAU. Bei Kratern Hinweise auf Westwall (Ww), Ostwall (Wo), analog Nord oder Süd.

Schatten im Inneren i, nach außen a.

Spalte 4: Bezeichnung des Blattes nach G. Kuiper. Innerhalb des einzelnen Blattes sind die beobachteten Objekte ungefähr von West nach Ost (astronomisch) geordnet, wobei aber landschaftlich benachbarte Punkte, etwa Archimedes und Umgebung, zusammengestellt wurden.

Spalten 5, 6: Die rechtwinkligen Koordinaten des Objektes in Einheiten von 0,001 Mondradien zur Identifizierung in der IAU-Karte [12] oder im Supplement 1 des Atlasses von Kuiper [13].

Spalten 7, 8: Die genäherten Polarkoordinaten zur Identifizierung im 2. Supplement von Kuipers Atlas [15], einer der Karten des AMS, oder auch in den älteren Werken — Texten wie Karten — von Lohrmann, Mädler, Schmidt, Neison usw.

Spalte 9: Beobachtungsart, *F* feine isolierte Spitze im Verschwinden oder Erscheinen, *S* Schattenlänge.

Spalte 10: Das Hauptergebnis, die relative Höhe H in km.

Spalte 11: Höhenangabe nach J. Schmidt [8]. Seine in Toisen oder Fuß gegebenen Werte wurden, soweit noch nötig, gemittelt und in km umgerechnet.

Spalte 12: Höhe relativ zur Umgebung nach einer der beiden Karten des AMS, von 1961 und 1962, möglichst der zweiten.

Spalte 13: Hinweis auf die z. T. wichtigen Bemerkungen am Schluß des Kataloges.

Spalte 14: Grundlage für die Koordinaten: *F* = Franz-Katalog [11], *I* = IAU-Katalog [12], *K* = Kuipers Orthogr. Atlas [13], *M* = eigene Mikrometerbeobachtungen, *S* = Saunder-Katalog [10].

D. Katalog der Beobachtungen

Nr.	IAU	Name, Art	Kui	ξ	η	l	b	B	H	Sch	AMS	Bem.	A
1	119	Cleomedes Wo	A 2	+ 720	+ 458	+ 54°,0	+ 27°,1	F	1,77		1,5		M
2	43	Agarum, Prom. Z	A 3	+ 857	+ 274	+ 63,0	+ 15,9	F	0,07				J
3	43d	Mare Anguis ξ	A 3	+ 853	+ 334	+ 64,8	+ 19,5	F	0,35				F
4	43c	Mare Anguis T	A 3	+ 832	+ 424	+ 66,8	+ 25,1	F	2,17	1,8	1,5		M
5	—	in Mare Crisium	A 3	+ 797	+ 305	+ 61,9	+ 17,8	F	0,04			*	M
6	—	in Mare Crisium	A 3	+ 777	+ 330	+ 55,3	+ 19,3	F	0,85			*	M
7	128a	bei Cleomedes G	A 3	+ 776	+ 415	+ 58,6	+ 24,5	F	1,76				M
8	128	Cleomedes K	A 3	+ 740	+ 410	+ 54,3	+ 24,2	S	2,45	2,2	2,0		K
9	96	M. Cris. E Wo	A 3	+ 738	+ 273	+ 50,0	+ 15,9	S	1,32	1,36	1,0		J
10	198	Proclus	A 3	+ 707	+ 271	+ 47,2	+ 15,7	F	3,75	2,8			S
11	180	Macrobius Wwi	A 3	+ 694	+ 363	+ 48,2	+ 21,3	S	3,95	3,58	3,0		K
12	114	Yerkes Wo	A 4	+ 745	+ 250	+ 50,4	+ 14,5	S	0,34				J
13	215	Taruntius Woa	A 4	+ 710	+ 092	+ 45,3	+ 5,3	S	0,51	0,60			J
14	4673	Maclaurin δ	A 5	+ 891	— 064	+ 63,2	— 3,7	F	0,02			*	J
15	4683	Langrenus ε	A 5	+ 837	— 211	+ 58,8	— 12,2	F	1,60				J
16	4658b	Webb D	A 5	+ 836	— 034	+ 56,8	— 1,9	F	0,00				J
17	4677	Langrenus Woa	A 5	+ 831	— 163	+ 56,3	— 9,4	S	1,20	0,92	1,0		J
18	4677	—	A 5	+ 823	— 136	+ 55,5	— 7,8	S	0,09			*	J
19	4655	—	A 5	+ 772	— 037	+ 51,1	— 2,1	F	0,02			*	M
20	4637	Petavius α	A 6	+ 792	— 426	+ 61,0	— 25,2	S	1,84		1,0		J
21	4591	Furnerius ε	A 7	+ 756	— 569	+ 66,9	— 34,7	F	4,72		3,0		J
22	648	Bürg A Wa	B 2	+ 373	+ 729	+ 33,1	+ 46,8	S	0,31		0,0		K
23	500	Hall α	B 2	+ 487	+ 573	+ 36,5	+ 34,9	F	0,45		0,0		J
24	268	bei Vitruvius B	B 2	+ 535	+ 284	+ 34,0	+ 16,5	S	1,66		1,3	*	M

25	180	Macrobius Woa	B 3	+ 653	+ 363	+ 44,7	+ 21,5	S	0,91	1,54	2,0	*	K
26	263	bei Cauchy D	B 3	+ 645	+ 197	+ 40,8	+ 11,4	S	0,93			*	K
27	470	Posidonius γ	B 3e	+ 365	+ 500	+ 25,0	+ 30,0	S	0,59		0,5	*	K
28	510	Lemonnier α	B 3e	+ 438	+ 435	+ 29,1	+ 25,8	S	1,30		1,2		K
29	510	Lemonnier α	B 3e	+ 438	+ 435	+ 29,1	+ 25,8	S	0,91		1,2		K
30	509c	bei Lemonnier C	B 3	+ 411	+ 380	+ 26,4	+ 22,4	S	0,02			*	M
31	585	Acherusia Pr.	B 3	+ 375	+ 290	+ 23,1	+ 16,9	S	1,83	1,68	1,5		K
32	517	Argaeus Mt	B 3e	+ 453	+ 338	+ 28,8	+ 19,8	S	2,84		2,7		K
33	520	Plinius Wwi	B 3	+ 397	+ 265	+ 24,3	+ 15,4	S	2,35	2,2	2,5		S
34	523	Plinius γ, Wn	B 3e	+ 387	+ 276	+ 23,4	+ 16,0	F	1,60				S
35	260	Sinas Wa	B 4	+ 514	+ 154	+ 31,3	+ 8,9	S	0,48		0,5		S
36	4195	Theophilus Wwi	B 5	+ 465	— 200	+ 28,5	— 11,8	S	3,40	3,8	3,6		K
37	4195	Theophilus Wwi	B 5	+ 465	— 200	+ 28,5	— 11,8	S	3,23	3,8	3,6		K
38	3711	Kant α	B 5	+ 368	— 178	+ 21,8	— 10,3	S	1,41	3,31		*	S
39	4395	Santbech η	B 6	+ 661	— 359	+ 45,2	— 21,7	S	2,26	3,02			K
40	4117	im Fracastor	B 6	+ 512	— 338	+ 32,9	— 19,8	S	0,33	0,33	0,5	*	K
41	4165	Beaumont σ	B 6	+ 466	— 250	+ 28,8	— 14,5	S	0,19			*	K
42	716	Aristoteles δ	C 1	+ 164	+ 755	+ 14,5	+ 49,0	F	0,54			*	M
43	726	Eudoxus Wwi	C 2	+ 202	+ 699	+ 16,4	+ 44,4	S	5,10	4,9	4,5		K
44	762	Calippus μ	C 2	+ 146	+ 676	+ 11,5	+ 41,3	S	1,57		1,5		M
45	—	Gebirge	C 2	+ 138	+ 688	+ 11,0	+ 43,5	S	2,36		2,5		M
46	769	Caucasus β	C 2	+ 103	+ 513	+ 6,9	+ 30,9	S	1,29	1,8	1,5		J
47	770	Caucasus γ	C 2	+ 100	+ 524	+ 6,8	+ 31,6	S	1,73	2,1	1,5	*	K
48	—	*	C 2	+ 083	+ 550	+ 5,7	+ 33,4	S	0,08			*	K
49	917	Aristillus Wwi	C 2	+ 033	+ 556	+ 2,3	+ 33,8	S	2,88	3,04	3,0		K
50	909	Autolycus Wwi	C 2	+ 033	+ 509	+ 2,3	+ 30,6	S	3,29	3,02	3,0		K
51	622	Bessel A Wwa	C 3	+ 327	+ 418	+ 21,1	+ 24,7	S	0,31				S
52	625	Bessel D Wwa	C 3	+ 303	+ 459	+ 20,0	+ 27,4	S	0,41				S
53	591	Menelaus Wwi	C 3	+ 271	+ 280	+ 16,4	+ 16,3	S	2,40	2,02	2,0	*	J

Nr.	IAU	Name, Art	Kui	ξ	η	l	b	B	H	Sch	AMS	Bem.	A
54	—	*	C 3	+ 290	+ 460	+ 18°,9	+ 27°,4	S	0,21		0,3	*	K
55	619	Bessel Woa	C 3	+ 281	+ 370	+ 18,3	+ 21,8	S	0,32	0,40	0,5	*	K
56	804	Manilius β	C 3a	+ 090	+ 259	+ 5,3	+ 15,0	S	0,44				K
57	787	Hadley, Mt	C 3	+ 072	+ 452	+ 4,6	+ 26,9	S	4,70		3,5	*	J
58	787	Hadley, Mt	C 3	+ 072	+ 452	+ 4,6	+ 26,9	S	5,00				J
59	787	Hadley, Mt	C 3	+ 072	+ 452	+ 4,6	+ 26,9	S	1,00		1,5	*	J
60	904	Bradley, Mt	C 3	+ 006	+ 396	+ 0,3	+ 23,3	S	2,02	4,0	2,0	*	J
61	821	Agrippa Wwi	C 4	+ 203	+ 073	+ 11,7	+ 3,2	S	1,87	2,23	1,5	*	J
62	794	Manilius Wwi	C 4	+ 163	+ 249	+ 9,7	+ 14,5	S	3,04	2,33	2,8		K
63	794	Manilius Wwi	C 4	+ 163	+ 249	+ 9,7	+ 14,5	S	4,18			*	K
64	873	bei Hyginus γ	C 4	+ 128	+ 162	+ 7,4	+ 9,3	S	0,60		0,5	*	K
65	3613	Hipparchus L Wwi	C 5	+ 159	− 119	+ 9,2	− 6,8	S	2,88	2,12	2,7	*	J
66	3601	Hind Wwi	C 5	+ 134	− 138	+ 7,8	− 7,9	S	1,68		2,0	*	S
67	3603	Hind C Wwi	C 5	+ 126	− 151	+ 7,3	− 8,7	S	1,09		1,0	*	S
68	3395	Halley Wwi	C 5	+ 110	− 141	+ 6,4	− 8,1	S	1,61		1,5	*	K
69	2975	Ptolemaeus η	C 5	+ 009	− 147	+ 0,5	− 8,5	S	1,92	2,11	2,0		K
70	1062	Plato Wwi	D 2a	− 071	+ 786	− 6,0	+ 51,9	S	1,06	0,76			F
71	1090	Plato ϰ	D 2a	− 078	+ 757	− 6,9	+ 49,2	S	1,12				S
72	1082	Plato δ	D 2a	− 073	+ 786	− 6,2	+ 51,9	S	1,80	2,2			F
73	1082	Plato δ	D 2a	− 073	+ 786	− 6,2	+ 51,9	S	1,93	2,2			F
74	1082	Plato δ	D 2a	− 073	+ 786	− 6,2	+ 51,9	S	1,98	2,2			F
75	1082	Plato δ	D 2a	− 073	+ 786	− 6,2	+ 51,9	S	1,22	2,2		*	F
76	1084	Plato ζ	D 2a	− 128	+ 777	− 11,6	+ 51,0	S	2,33	2,6		*	F
77	1128	Piton	D 2	− 012	+ 652	− 0,9	+ 40,8	S	2,30	2,23			M

78	1128	Piton	D 2	— 012	+ 652	— 0,9	+ 40,8	S	1,95	2,23			M
79	1136	Piton γ	D 2	— 032	+ 618	— 2,4	+ 38,2	F	0,96	0,25			M
80	1125	Piazzi Smyth	D 2	— 047	+ 726	— 3,6	+ 41,8	F	1,49	2,4			S
81	1160	Archimedes ε	D 2	— 052	+ 530	— 3,5	+ 32,0	S	1,34	1,54		*	K
82	1133	Spitzbergen α	D 2	— 072	+ 560	— 5,0	+ 34,0	S	1,02	1,23			K
83	954	Blanc, Mt γ	D 2	— 008	+ 684	— 0,6	+ 43,1	S	4,27	4,25			S
84	954	Blanc, Mt γ	D 2	— 008	+ 684	— 0,6	+ 43,1	S	4,22	4,25			S
85	1112	Pico, Nordspitze	D 2	— 106	+ 717	— 8,7	+ 45,8	S	2,13	2,14			S
86	1112	Pico, Nordspitze	D 2	— 106	+ 717	— 8,7	+ 45,8	S	1,98	2,14			S
87	1112	Pico, Nordspitze	D 2	— 106	+ 717	— 8,7	+ 45,8	S	2,16	2,14			S
88	1299	Helicon Wwi	D 2	— 292	+ 648	— 22,5	+ 40,5	S	1,59	1,75			S
89	906	Bradley, Mt β	D 3	— 024	+ 350	— 1,5	+ 20,5	F	0,34			*	J
90	1187	Huygens, Mt	D 3	— 044	+ 345	— 2,7	+ 20,2	S	4,50	5,4	4,5		J
91	1144	Archimedes Wwi	D 3	— 037	+ 495	— 2,4	+ 29,6	S	1,86	1,66			K
92	1155	Archimedes γ	D 3	— 053	+ 426	— 3,4	+ 25,2	S	0,66		0,5		S
93	1154	bei Archimedes β	D 3	— 070	+ 450	— 4,5	+ 26,7	S	2,20	1,93	1,5	*	K
94	1144	Archimedes Woa	D 3	— 085	+ 496	— 5,8	+ 29,7	S	1,63	2,1	1,9	*	K
95	1144	Archimedes Woa	D 3	— 085	+ 496	— 5,8	+ 29,7	S	0,71			*	K
96	1150	bei Archimedes F	D 3	— 115	+ 415	— 7,3	+ 24,5	S	0,58		0,5	*	K
97	1201a	bei Marco Polo F	D 3	— 072	+ 272	— 4,3	+ 15,8	S	0,29			*	S
98	1292	bei Wolff	D 3	— 096	+ 258	— 5,7	+ 18,9	S	2,19		2,9		S
99	1296	Timocharis Wwi	D 3	— 212	+ 446	— 13,7	+ 26,5	S	2,70	2,13	2,3		K
100	1401	Lambert Wwi	D 3	— 314	+ 435	— 20,4	+ 25,8	S	2,14	2,04	1,6		S
101	1215	bei Bode B	D 4	— 041	+ 160	— 2,4	+ 9,2	S	0,65		0,5	*	K
102	1260	Schroeter δ	D 4	— 122	+ 182	— 7,6	+ 10,5	S	0,12		0,4	*	S
103	1271	bei Eratosthenes Ww	D 4	— 170	+ 250	— 10,1	+ 14,5	F	0,62		1,0	*	M
104	1271	bei Eratosthenes Wwa	D 4	— 173	+ 250	— 10,2	+ 14,5	S	0,62		1,0		K
105	1271	bei Eratosthenes Woi	D 4	— 205	+ 245	— 12,2	+ 14,2	S	3,72	4,0	3,9		K
106	1488	Copernicus α	D 4	— 310	+ 167	— 18,3	+ 9,7	S	3,15	3,7	3,8	*	J

Nr.	IAU	Name, Art	Kui	ξ	η	l	b	B	H	Sch	AMS	Bem.	A
107	1481	Copernicus Wwi	D 4	− 312	+ 170	− 18°,3	+ 9°,7	S	2,25			*	K
108	2949	bei Herschel E	D 5	− 003	− 100	− 0,2	− 5,8	S	0,79			*	K
109	2975	Ptolemaeus η	D 5	− 007	− 148	− 0,4	− 8,5	S	1,28		1,5	*	J
110	2963	Ptolemaeus A Wwi	D 5	− 011	− 148	− 0,6	− 8,5	S	0,92	0,82	1,9		S
111	2995	Alphonsus α	D 5	− 047	− 233	− 2,8	− 13,5	S	1,05	1,20	1,0	*	K
112	2858d	Guericke K	D 5	− 226	− 259	− 13,5	− 15,0	F	0,16				J
113	3050	Arzachel γ	D 6	− 036	− 314	− 2,2	− 18,6	S	2,05	1,47	1,6		K
114	3083a	Purbach S	D 6	− 041	− 464	− 2,6	− 27,6	F	0,59				J
115	3153	Orontius C	D 6	− 048	− 618	− 3,5	− 38,2	F	0,70				J
116	3071	Thebit A Woa	D 6	− 084	− 368	− 5,2	− 21,6	S	1,56	1,53	1,5		K
117	3079	Thebit η	D 6	− 103	− 351	− 6,3	− 20,6	S	0,59		0,5		K
118	3076	Lange Wand	D 6	− 117	− 380	− 7,2	− 22,3	S	0,16	0,24	0,3	*	S
119	3076	Lange Wand, Mitte	D 6	− 125	− 370	− 7,7	− 21,7	S	0,17	0,24	0,3		K
120	2716b	Longomontanus G Woi	D 7d	− 209	− 751	− 20,2	− 48,7	S	5,83	5,1			S
121	1664	Harpalus Wwi	E 1	− 412	+ 795	− 42,8	+ 52,7	S	1,18	2,4			S
122	1605	Gruithuisen Wwi	E 2	− 533	+ 542	− 39,5	+ 32,8	S	0,95		0,8		S
123	1605	Gruithuisen Woa	E 2	− 540	+ 542	− 40,0	+ 32,9	S	0,26				S
124	1610	bei Gruithuisen ζ	E 2	− 533	+ 580	− 40,8	+ 35,5	S	0,82			*	J
125	1396	Lahire	E 3	− 379	+ 463	− 25,4	+ 27,6	S	1,78	1,59	1,5		S
126	1397	Lahire α	E 3	− 403	+ 473	− 27,2	+ 28,2	F	0,17				J
127	1415	Mayer, T Wwi	E 3	− 460	+ 268	− 28,6	+ 15,5	S	3,23	2,96	2,4	*	J
128	1593	Delisle Wwi	E 3	− 488	+ 500	− 34,3	+ 30,0	S	1,83	2,4	1,9	*	S
129	1589	Diophantus Wwi	E 3	− 492	+ 463	− 34,2	+ 27,6	S	1,81	2,4	1,6		S
130	1589	Diophantus Woa	E 3	− 502	+ 463	− 34,6	+ 27,6	S	0,36	0,81	0,8		S

131	1589	Diophantus Woa	E 3	− 502	+ 463	− 34,6	+ 27,6	S	0,65	0,81	0,8		F
132	1592	bei Diophantus α	E 3	− 507	+ 473	− 34,2	+ 25,7	S	0,061			*	K
133	1595	Delisle β	E 3	− 511	+ 485	− 35,8	+ 22,0	S	0,77	1,2	1,3	*	K
134	1737	Angström Woa	E 3	− 578	+ 498	− 41,8	+ 29,8	S	0,40				S
135	1747	Harbinger Mts δ	E 3	− 580	+ 470	− 41,0	+ 28,0	S	1,88				K
136	1510	Reinhold Wwi	E 4	− 377	+ 058	− 23,1	+ 3,2	S	1,27			*	K
137	1510	Reinhold Woi	E 4	− 399	+ 057	− 23,5	+ 3,1	S	2,31	2,14	1,6		K
138	2480	Landsberg Wwi	E 4	− 437	− 004	− 25,9	− 0,0	S	2,08	2,50	2,4		K
139	1532	bei Milichius α	E 4	− 473	+ 153	− 28,6	+ 8,8	S	1,24		0,9	*	S
140	1533	bei Milichius β	E 4	− 445	+ 157	− 26,8	+ 9,0	S	0,69		1,1		K
141	1534	bei Milichius γ	E 4	− 468	+ 188	− 28,5	+ 10,8	S	0,46		0,7		K
142	1534	bei Milichius γ	E 4	− 465	+ 193	− 28,5	+ 11,2	S	1,78			*	S
143	1519	Hortensius Woa	E 4	− 470	+ 113	− 28,2	+ 6,5	S	0,75	0,62	0,5		S
144	1532	Milichius α	E 4	− 472	+ 150	− 28,5	+ 8,6	S	0,46		0,9		K
145	1416	bei T. Mayer A	E 4	− 498	+ 237	− 30,8	+ 13,1	S	1,14		1,0	*	M
146	1416	bei T. Mayer A	E 4	− 517	+ 237	− 32,1	+ 13,7	S	1,39		1,3		K
147	1534	Kepler Woa	E 4	− 609	+ 142	− 38,0	+ 8,2	S	2,20		2,6		S
148	1542b	bei Maestlin	E 4	− 646	+ 077	− 40,2	+ 4,4	S	0,68		0,3	*	M
149	1540	bei Encke E	E 4	− 647	+ 006	− 40,4	+ 0,0	S	0,43			*	M
150	1542c	bei Maestlin R	E 4	− 651	+ 053	− 40,7	+ 3,0	S	1,56		1,4	*	M
151	2874c	bei Bonpland G	E 5	− 320	− 205	− 19,1	− 11,8	S	0,16			*	K
152	2844	Darney δ	E 5	− 346	− 230	− 20,9	− 13,3	S	0,50			*	K
153	2877	Bonpland γ	E 5	− 347	− 162	− 20,8	− 9,3	S	0,34			*	K
154	2874a	Bonpland E Woi	E 5	− 379	− 169	− 22,6	− 9,7	S	0,46			*	S
155	2874a	östl. Bonpland E Woi	E 5a	− 409	− 165	− 24,5	− 9,5	S	0,80			*	K
156	2464b	bei Euklides F	E 5	− 555	− 100	− 33,8	− 5,7	S	0,17		0,4	*	K
157	2461	Euklides Woa	E 5	− 490	− 128	− 29,6	− 7,4	S	0,82	0,68	0,6		S
158	2458	Wichmann γ	E 5	− 620	− 095	− 38,4	− 5,4	S	0,68			*	J
159	2436	Latronne α	E 5	− 662	− 183	− 42,4	− 10,6	S	0,28				K

Nr.	IAU	Name, Art	Kui	ξ	η	l	b	B	H	Sch	AMS	Bem.	A
160	2308	Schickard β	E 7	− 550	− 710	− 51°,5	− 45°,3	S	1,57	2,6			J
161	2307	Schickard α	E 7	− 576	− 680	− 51,8	− 42,9	S	1,68	1,54			J
162	1755	Aristarch Wwi	F 3	− 670	+ 410	− 47,3	+ 24,2	S	2,26	2,0		*	J
163	1810a	Schröters Tal	F 3	− 685	+ 420	− 45,7	+ 16,7	S	1,10	0,51		*	K
164	1810a	Schröters Tal	F 3	− 688	+ 439	− 50,1	+ 26,0	S	1,39			*	K
165	1811	Schiaparelli Wwi	F 3	− 785	+ 396	− 58,9	+ 23,4	S	0,64				F
166	1542c	bei Moestlin R	F 4	− 667	+ 076	− 41,8	+ 4,3	S	0,37		0,3	*	M
167	1542c	bei Moestlin R	F 4	− 666	+ 090	− 41,8	+ 5,1	S	0,72		0,6	*	M
168	1542c	bei Moestlin R	F 4	− 672	+ 092	− 42,3	+ 5,2	S	0,73		0,6	*	M
169	1813	Marius Wwi	F 4	− 753	+ 210	− 50,5	+ 12,1	S	1,01	1,5			J
170	2445	Flamsteed B Woa	F 5	− 689	− 103	− 43,6	− 5,9	S	0,42				S
171	2147	Mersenius Wwi	F 6	− 692	− 368	− 48,1	− 21,6	S	2,33	2,4			J
172	2175	Cavendish Wwi	F 6	− 720	− 415	− 52,3	− 24,5	S	1,99	1,5			J
173	2177	Henry, Frs Wwi	F 6	− 758	− 408	− 56,1	− 24,1	S	0,80				J
174	2178	Henry, Frs Wwi	F 6	− 779	− 403	− 58,4	− 23,8	S	2,22				J
175	2046	Bürgius Wwi	F 6	− 818	− 418	− 64,5	− 24,7	S	1,93	2,3			J

Bemerkungen zum Katalog

5 Kleiner Rücken.
6 Kleiner Rücken.
14 Kleiner Rücken.
18 Kleiner Rücken östl. Langrenus.
19 Kleiner Rücken östl. Langrenus.
24 Höchste Stelle eines längeren Rückens, bei Kuiper überbelichtet.
25 Schattenspitze auf hügeligem Gelände.
26 Höchste Stelle einer kleinen Welle.
27 Nordecke einer sehr flachen Welle.
30 Sehr flache Welle.
38 Schatten nach West, bei Schmidt nach Ost.
40 Kleiner Hügel.
41 Schattenspitze auf aufsteigendem Gelände.
42 Kleiner Berg.
47 Böschungswinkel über 28°.
48 Geländebruch.
53 Böschungswinkel 40°.
54 Höchste Stelle einer langen Welle.
55 Mittlere Wallhöhe, nördl. und südl. je eine höhere Spitze.
57 Höhen nach Schmidt zwischen 3,2 und 5,1 km.
59 Schatten auf Vorbergen, Böschungswinkel über 26°, bei Schmidt bis 55°.
60 Schatten auf Vorbergen, Böschungswinkel bei Schmidt über 39°.
61 Böschungswinkel 37°, bei Schmidt bis 39°.
63 Böschungswinkel 34°, bei Schmidt bis 50°.
64 Kleine Welle.
65 Böschungswinkel 34°.
66 Böschungswinkel 33°.
67 Böschungswinkel 32°.
68 Böschungswinkel 32°.
75 Schatten auf Terrasse.
76 Im Ostwall.
89 Relativ zur engeren Umgebung.
93 Breiter Berg.
94 Beiderseits einer Scharte im Ostwall.

95 Beiderseits in der Scharte im Ostwall.
96 Kleiner Berg.
97 Geländewelle.
101 Größte Breite eines längeren Geländesprungs.
102 Geländewelle.
103 Noch nicht Westwall des Kraters.
106 Böschungswinkel 45°, bei Schmidt bis 48°.
107 Schatten noch auf Ostabhang.
108 Breiteste Stelle eines Tales.
109 Schatten auf Terrasse, Böschungswinkel 25°.
111 Höhe bestätigt durch Ranger 9.
118 Bei Biot.
124 Bergmassiv.
127 Böschungswinkel 44°, bei Schmidt bis 48°.
128 Schatten Ostwall außen verschwindet.
132 Geländesprung, auf E 3 a und b gut sichtbar.
133 Südspitze.
139 Kleiner Höhenrücken.
142 Verschieden von 141.
145 Nordende eines kleinen Rückens.
148 Nordende eines kleinen Bogens.
149 Kleiner Hügel.
150 Südende eines kleinen Bogens, siehe auch Nr. 166.
151 bis 155: Gegend des Aufschlags von Ranger 7.
151 Beim Beobachten als „Halbschatten" eines kleinen Höhenzuges aufgefaßt, nach den Ranger 7 - Bildern nur eine dunkle Stelle in ebenem Gelände.
155 Höhenzug.
156 Höhenzug.
158 Schatten auf Vorgelände.
162 Am Nordwall.
163 Westteil des Tales, siehe E 3 a!
164 Höhenrücken bei dem Tal.
166 Mitte eines Berges, siehe Nr. 150.
167 Einzelner Berg.
168 Einzelner Berg.

E. Allgemeine Genauigkeitsbetrachtungen

Bei den folgenden Abschätzungen, wie genau werden die aus Schattenlängen errechneten relativen Höhen sein, werden getrennt behandelt 1. die Einflüsse der Meßfehler am Mikrometer bzw. auf der photographischen Platte und 2. die Unsicherheit der Koordinaten ξ, η des vermessenen Punktes.

1. Bei den Messungen (visuell oder photographisch) läßt sich der Positionswinkel des Schattens (senkrecht zum Terminator) an Hand der Ephemeriden stets auf 0°,5 genau einstellen, d. h. bei einem solchen Fehler dT würde bei einer Schattenlänge von 10″ (seltener Fall) die Distanz ρ um $(\sec dT - 1)$, d. h. um 0″,004, also belanglos, zu klein gemessen werden.

Für den m. F. einer Distanzmessung sei — nach meinen Erfahrungen reichlich — $d\rho = \pm$ 0″,3 = 30^{V} Mondradien angenommen. In Formel (3) ist cosec ψ durch die Beobachtungszeit immer völlig genau gegeben. Bei rund $^2/_3$ einer Lunation ist es < 2, so daß man als durchschnittliche Unsicherheit von ρ ansetzen kann $d\rho = \pm 50^{\text{V}}$. Der Fehler von $\sigma^2/2$ in Formel (7) ist stets verschwindend. Bei den im Katalog zusammengestellten Messungen war die Höhe der Sonne selten über 10°, es sei trotzdem mit $\sin h_0 = 0{,}2$ oder $h = 11°{,}16$ gerechnet. Dann ist die Unsicherheit der relativen Höhen, bedingt nur durch die Mikrometermeßfehler, mit $d\,h = 10^{\text{V}} = 0{,}17$ km sicher nicht zu günstig angesetzt.

Während sich bei visuellen Messungen Objekt und Schattenspitze — von der Bildschärfe (Luftunruhe) abgesehen — stets gut auffassen lassen, ist die Auswertung von Photokopien — etwa des Kuiper-Atlasses — schwieriger. Hier wird die Lage der Schattenspitze von dem Kontrast bei der Reproduktion abhängen, vor allem aber die schattenwerfende Stelle nebst ihrer Umgebung häufig überexponiert, d. h. über 1 bis 2 mm weiß erscheinen. So sind denn auch bei der Auswertung von Blättern des Pariser Mondatlasses durch Schrutka [9] systematische Abweichungen in den Höhenwerten aufgetreten (siehe auch [3], S. 81). Wie die Verhältnisse bei Kuipers Atlas liegen, ist z. Z. Gegenstand einer Untersuchung hier von Herrn Swaton.

Nahe der Lichtgrenze werfen kleine Höhenzüge Schatten, die mikrometrisch gut meßbar sind, kaum photographisch. Ein Beispiel ist Nr. 155 des Kataloges im Vergleich zu den Blättern E 5 des Atlasses. Nr. 155 liegt nahe den „Riphäen". Es ist interessant, die E 5-Blätter mit Kriegers Darstellung — Atlas wie Text — [7] zu vergleichen und die Überlegenheit der visuellen Detailarbeit über die Photographie zu erkennen.

2. Wie steht es mit der Genauigkeit von sin h_0 in Formel (4)? Hier sind l, m und n stets auf 20^V gesichert, wenn die Beobachtungszeit auf eine Minute vorliegt, also völlig ausreichend.

Die Größen ξ und η wurden möglichst den Katalogen von Saunder und Franz entnommen [10, 11]. Die Verzeichnisse von Baldwin [16], des Army-Map-Service [17] und das zweite von Schrutka (im Druck) standen mir erst zur Verfügung, nachdem Beobachtung und Rechnung im wesentlichen abgeschlossen waren. Im übrigen wurden die ξ und η dem Supplement 1 des Kuiper-Atlasses entnommen [13], oder etwas weniger genau, dem IAU-Katalog [12]. Der IAU-Atlas ist für unsere Zwecke zu ungenau. Bei Kuiper beträgt die Unsicherheit der ξ und η etwa $\pm 100^V$, womit nachstehend gerechnet wird, bei Saunder und Franz ist sie erheblich kleiner (20^V).

In der — vorläufigen — Annahme, der Mond sei eine Kugel, ergibt sich ζ aus (4). (4) lautet differentiiert:

$$d\,(\sin h_0) = l_0 \,.\, d\,\xi + m_0 \,.\, d\,\eta + n_0 \,.\, d\,\zeta \qquad (12)$$

Da $m_0 = \sin B$ höchstens $\pm$ 0,026 wird, macht die Unsicherheit von η maximal $\pm 2{,}6^V$ aus, ist also immer belanglos.

Die Berechnung von sin h_0 kann statt mit (4) auch durch

$$\sin h_0 = \sin D \sin \beta + \cos D \cos \beta \sin (\lambda - C) \qquad (13)$$

erfolgen. Differentiation gibt

$$\begin{aligned} d\,(\sin h_0) = \sin D\, d\,\eta - \cos D \sin \beta \sin (\lambda - C)\, d\,\beta - \\ - \cos D \cos \beta \cos (\lambda - C)\, d\,\lambda \end{aligned} \qquad (14)$$

Hier ist auf der rechten Seite das erste Glied, wie eben gezeigt, belanglos. Im 2. und 3. kann immer $\cos D = 1$ gesetzt werden.

Differentiiert man die Beziehungen $\xi = \cos\beta \sin\lambda$; $\eta = \sin\beta$ und bezeichnet ε den m. F., so wird nach einigen Zwischenrechnungen

$$\varepsilon(\sin h_0) = \left[(\sin(\lambda - C)\operatorname{tg}\beta)^2 + \left(\frac{\cos(\lambda - C)}{\cos\lambda}(1 + \sin\lambda\operatorname{tg}\beta)\right)^2\right]^{1/2} \cdot \varepsilon(\xi) \qquad (15)$$

Die Höhenmessungen erfolgen zumeist nahe dem Terminator, $(\lambda - C)$ wird selten über 10°. Setzen wir $\sin(\lambda - C) = 0{,}2$, $\cos(\lambda - C) = 1$. Dann gibt die nachstehende Tabelle einen Überblick über die Auswirkung der $d\,\xi$ auf $\sin h_0$.

Tabelle 1

λ	β	$\varepsilon(\sin h_0)$	Bemerkungen
0°	0°	1,0 · $\varepsilon(\xi)$	
0	40	1,0 „	auch in höheren Breiten
40	0	1,3 „	
60	0	2,0 „	
80	0	5,8 „	
40	40	1,9 „	Bereich der 2. AMS-Karte

Die Unsicherheit von ξ und η überträgt sich auf die von ζ und bewirkt, daß die von $\sin h_0$ stets gleich oder größer als die von ξ ist. Bis zu etwa 0,8 Mondradien Abstand von der Mitte, d. h. im größten Teil der Scheibe, ist diese Zunahme nur schwach.

3. Wie wirken sich Meß- und Lagefehler in zwei konstruierten Beispielen gemeinsam aus? Es sei $\varepsilon(\rho) = 3^{IV}$ und $\varepsilon(\xi) = 10^{IV}$. Im ersten Fall sei $\lambda = 60°$, $\beta = 0°$, $h = 1{,}74$ km $= 0{,}001$, ein mäßig hoher Berg. Zum anderen sei $\lambda = 0°$, $\beta = 0°$ und $h = 0{,}174$ km $= 0{,}0001$, eine kleine Geländewelle. In Tab. 2 sind für beide Fälle und verschiedene Sonnenhöhen die scheinbaren Schattenlängen in Bogensekunden sowie die m. F. der errechneten Höhen gegeben. Wie die Zwischenrechnung zeigte, dominiert im ersten Fall bei kleinen Höhen der Sonne der Lagefehler, bei großen der Meßfehler. Im zweiten Fall haben bei kleinen Höhen Meß- und Lagefehler etwa gleichen Einfluß, bei mittleren und großen Höhen die Meßfehler, die aber bei derart kleinen Schattenlängen wohl zu groß angesetzt sind.

Tabelle 2

	1. Fall		2. Fall	
h_0	ρ	$\varepsilon(h)$	ρ	$\varepsilon(h)$
1,15	25″,0	0,17 km	5″,0	0,016 km
5,74	5,0	0,09 „	1,0	0,052 „
11,53	2,5	0,21 „	0,5	0,104 „

Auf jeden Fall sind Höhenangaben auf Meter genau, wie bei Mädler und Schmidt, aber auch einigen modernen Autoren, ein voller „Dezimalstellenluxus", täuschen eine Genauigkeit vor, die nicht einmal (in vielen Fällen) für Berge auf der Erde erreicht ist.

4. Bei der Abschätzung der Genauigkeit relativer Höhen aus dem Aufleuchten (Verschwinden) einzelner Spitzen sind wie bei den Schattenmessungen zwei Fehlerquellen zu beachten, die Unsicherheit der Zeit und die der Koordinaten.

Erfahrungsgemäß läßt sich bei einiger Aufmerksamkeit dieser Zeitpunkt auf weniger als 5—6 Minuten genau angeben. Da die Colongitude C der Sonne je Stunde sich um 0°5 ändert, entspricht das einem $\varepsilon(T) =$ 0°05. In der Breite β ändert sich dann h_0 um $\pm$ 0°05 cos β. Einem $\varepsilon(\xi)$ entspricht ein $\varepsilon(h) = \cos\lambda \cos\beta \,.\, \varepsilon(\xi)$, wobei $\varepsilon(\xi) =$ 0°0573 bzw. 0°0175, je nachdem, ob die Koordinaten der Spitze dem Kuiper-Atlas (IAU-Katalog) entnommen wurden oder die Spitze mikrometrisch an einen Saunderpunkt angeschlossen wurde. Zusammen ist dann

$$\varepsilon^2(h_0) = (0{,}^\circ 05 \,.\, \cos\beta)^2 + (\cos\beta \cos\lambda\, \varepsilon\,[\xi])^2 \qquad (16)$$

Bei guten Koordinaten ist der Zeitfehler von stärkerem Einfluß auf die Sonnenhöhen, sonst die Unsicherheit von ξ. Da sich sec h_0 bei kleinem h_0 sehr wenig, rascher mit größerem h_0 ändert, wächst auch der Einfluß von $\varepsilon(h_0)$ auf die lineare Höhe h. Nachstehende Tab. 3 zeigt dies an einem ungünstigen und einem günstigen Beispiel.

Für vier verschiedene Höhen sind die Abstände von der idealen Lichtgrenze in Bogensekunden gegeben, sowie die mit obigen Ansatz berechneten m. F. der Höhen.

Tabelle 3

h (km)	0,174	0,869	1,738	3,476
$\lambda = 60°$; $\beta = 0°$; $\varepsilon(\xi) = 0{,}00100$				
ρ''	7	16	22	32
$\varepsilon(h)$ km	$\pm$ 0,05	$\pm$ 0,14	$\pm$ 0,17	$\pm$ 0,26
$R = 6°$ $\beta = 0°$ $\varepsilon(\zeta) = 0{,}00030$				
ρ''	14	32	45	63
$\varepsilon(h)$ km	$\pm$ 0,02	$\pm$ 0,07	$\pm$ 0,09	$\pm$ 0,12

Wie man bei einem Vergleich mit Tab. 2 sieht, ist diese Art der Ermittlung relativer Höhen ebenbürtig der aus den Schattenlängen. Zu den Zeiten von Schröter, Olbers, Mädler und Schmidt war dies nicht der Fall, vor allem weil die Koordinaten der Spitzen erst sehr schlecht bekannt waren.

Die so gewonnenen h beziehen sich auf eine ideale Kugel, haben also zur Voraussetzung, daß sich die Spitze aus recht flachem Gelände (Mare) erhebt. Anderenfalls ist das Aufleuchten ausschlaggebend bedingt durch das Gelände an der wahren Lichtgrenze, z. B. das Aufleuchten eines Zentralberges, der niedriger ist als die Kraterwälle.

Es sind deshalb in obigem Katalog auch nur wenige Spitzenbeobachtungen enthalten. Wohl liegen noch viele Messungen vor, bei denen mikrometrisch nicht nur die ξ, η der gerade aufleuchtenden Spitze bestimmt wurden, sondern auch senkrecht zum Positionswinkel des Terminators der Abstand zur jeweiligen wahren Lichtgrenze. Man erhält dann sehr gute relative Höhen zwischen ihnen, aber auch die Möglichkeit zur Ermittlung absoluter Höhen [3]. Alles dies ist einer weiteren Arbeit vorbehalten.

5. Einfluß der absoluten Höhen. Wie in [4] dargelegt, sind wir gegenwärtig noch nicht in der Lage, eine brauchbare Gesamt-Höhenschichten-Karte des Mondes herzustellen. Dafür sind die vier vorliegenden Meßreihen zur Bestimmung der absoluten Höhen zahlreicher Krater aus dem Librationseffekt nicht genau genug. Es hat aber doch den Anschein, als ob weite Teile des Mare Crisium, Mare

Imbrium und Oceanus Procellarum über 2 km tiefer liegen als das Niveau einer mittleren Kugel und die „Kontinente“ auf der Südhalbkugel ebensoviel höher. Mehr als $\pm$ 4 km dürfte es allerdings nicht sein. Im folgenden rechnen wir mit $\Delta = \pm 0{,}002 = \pm 3{,}5$ km. Wie wirken sich die Δ auf die Berechnung der relativen Höhen aus? Einiges hierzu ist — mit Beispielen — schon in [3] ausgeführt.

Es seien $\xi_0\ \eta_0\ \zeta_0$ die wahren Koordinaten einer Spitze in Einheiten des passend definierten mittleren Mondradius bzw. $\lambda_0\ \beta_0\ 1 + \Delta$ in Polarkoordinaten. ξ, η und λ, β die scheinbaren Werte. Dann ist mit $d\,\xi = \xi - \xi_0$ usw.

$$d\,\xi = \xi\,.\,\Delta;\ d\,\eta = \eta\,.\,\Delta,\ d\,\zeta = \zeta\,.\,\Delta. \tag{17}$$

In den zur Zeit vorliegenden Katalogen von rund 1000 Kraterpositionen (siehe [4]) sind die wahren Örter gegeben. Die mit ihnen berechneten h_0 sind dann auch die korrekten Werte, dem Einfluß von Δ ist so Rechnung getragen.

Bei den Katalogen von Saunder, Franz und der IAU sowie dem Kuiper-Atlas haben wir scheinbare ξ, η bzw. λ, β. Dies gilt auch für die mit dem Mikrometer bestimmten ξ, η der jeweiligen Spitze. Hier wird $d\,\xi = 0 = d\,\eta$ und mit (4) wird

$$d\,(\sin h_0) = n\,.\,\zeta\,.\,\Delta = n\,.\,\Delta\,.\,\cos\lambda\cos\beta \tag{18}$$

n ist nahe $\sin C$. Da die Schatten allermeist nahe der Lichtgrenze gemessen werden, wird C nahe λ und dann

$$d\,(\sin h_0) = \tfrac{1}{2}\,.\,\Delta\cos\beta\sin 2\,\lambda \tag{19}$$

D. h. der Einfluß von Δ ist am größten für $\lambda = 45°$, verschwindet im ersten und letzten Viertel, ferner am Mondrande. Aber auch bei $\lambda = 45°$, $\beta = 0°$ wird es kaum über 0,00100 hinausgehen. Für $h = 5{,}^\circ74$ bedeutet dies eine Vergrößerung oder Verkleinerung der errechneten Höhen um 1%, mehr bei kleineren, weniger bei größeren h_0.

F. Diskussion

1. Die Häufigkeitsverteilung der Höhen des Katalogs zeigt die nachstehende Tab. 4.

Tabelle 4

Grenzen, km	0,0	0,5	1,0	1,5	2,0	2,5	3,0	3,5	4,0	4,5 usw.	
Anzahl	40	37	21	32	23	4	6	3	3	6	Zus. 175

Durchschnittliche Höhe 1,95 km.

Sie mit einer theoretischen Verteilung zu vergleichen, ist nicht angebracht, überlagern sich doch mehrere Auswahleffekte. Fast die Hälfte der Höhen liegt unter 1,0 km. Es rührt dies z. Teil davon her, daß kleine Unebenheiten auf dem Monde wie bei uns sicher viel häufiger sind als große. Auch wurden gerade solche, über die wir bisher noch recht wenig wissen, in Wien beim Messen bevorzugt. Es zeigt dies auch Tab. 5 mit der Verteilung der Höhen solcher Stellen, die nur hier, nicht in den anderen Reihen gemessen wurden.

Tabelle 5

Grenzen, km	0,0	0,5	1,0	1,5	2,0	2,5 und mehr	
Anzahl	26	13	3	5	2	1	Zus. 50

2. Hingewiesen sei auf die gelegentlichen Angaben in den „Bemerkungen“ zum Katalog über die Böschungswinkel. Einzelne Berg- und Kraterwände sind doch in Bestätigung der Angaben von Schmidt sehr steil. Die Verteilung der Böschungswinkel nach Schmidt zeigt Tab. 6.

Tabelle 6

Grenzen	20°	25°	30°	35°	40°	45°	50°	55°	60°	65°	70°	
Anzahl	5	3	14	40	59	49	25	11	7	2		Zus. 203

3. Eine korrelationsstatistische Untersuchung führte zu Tab. 7. Ihre Zeilen geben:

a) Zahl der gemeinsamen Objekte beim Vergleich Wien mit Schmidt usw.

b) Die durchschnittlichen Höhen. Dabei zeigt der Vergleich Wien mit AMS gegenüber den beiden anderen, daß in Wien kleine Höhen bevorzugt wurden (s. o.). Man sieht aber auch, daß systematisch die Höhen der drei Reihen nicht differieren. Dies geht auch hervor aus

c) den Streuungen der Höhen, die immer die gleichen sind.

d) Auch die hohen Korrelationskoeffizienten r liegen alle innerhalb ihrer m. F.

e) Es wurden (über die Quadrate) die mittleren Differenzen Wien—Schmidt usw. direkt berechnet. Sie sind alle praktisch gleich groß, d. h. die Höhen der drei Reihen haben alle denselben m. F. von $\pm$ 0,32 km.

Tabelle 7

	W — Sch		W — AMS		Sch — AMS	
n	79		88		47	
$\bar{h}$, km	2,03	2,23	1,62	1,67	2,12	2,08
σ, km	$\pm$ 1,10	$\pm$ 1,17	$\pm$ 1,17	$\pm$ 1,06	$\pm$ 1,22	$\pm$ 1,06
K. k. r	$\pm$0,880	$\pm$0,025	$\pm$0,911	$\pm$0,018	$\pm$0,932	$\pm$0,018
m. D. km	$\pm$ 0,47		$\pm$ 0,44		$\pm$0,44	

Der Hinweis sei gestattet, daß bei Schmidt und AMS die Höhen Mittelwerte aus mehreren Beobachtungen bzw. Platten sind, bei Wien (fast) nur Einzelwerte, die neuen Mikrometermessungen also durchaus brauchbar sind.

Bei nur 10 Objekten liegen 2- und 3fache völlig unabhängige Bestimmungen in Wien vor (insgesamt 22). Sie erlauben immerhin einen Schluß auf die innere Genauigkeit, nämlich $\pm$ 0,14 km. Es entspricht dies den oben (S. 75) angestellten Überlegungen.

Wenn dagegen die äußere Genauigkeit einen ziemlich großen m. F. aufweist, so wird bei den Wiener Messungen der Umstand mitsprechen, daß in mehr als der Hälfte aller Fälle die ξ, η dem Kuiper-Atlas bzw. IAU-Katalog entnommen wurden und diese vielleicht doch noch weniger sicher sind als oben (S. 76) angenommen wurde.

Bei den m. F. der AMS-Höhen wirkt es sich aus, daß auf den beiden Karten die Isohypsen nur von 0,5 zu 0,5 bzw. 1,0 zu 1,0 km gezeichnet sind.

Erfreulich ist es, daß sich der große Schatz der klassischen Messungen von Mädler und Schmidt als noch heute voll brauchbar erwiesen hat. Wie kommt das? Die Messungen der Schattenlängen selbst waren offenbar recht gut. ξ, η bzw. λ, β standen damals noch lange nicht so gut zur Verfügung wie heute. Die Beobachter gingen so vor, daß der Abstand der schattenwerfenden Stelle vom Nordpunkt der scheinbaren Mondscheibe mikrometrisch gemessen wurde in Richtung des Positionswinkels des Terminators, was $\sin \beta$ einschließlich der Libration gab. Diese Messung konnte zwar nicht besonders genau sein, die Unsicherheit von η oder β spielt aber keine große Rolle (siehe S. 76). Ferner wurde der Abstand der Spitze vom Terminator gemessen, was (indirekt) das $(\lambda - C)$ recht genau lieferte und wodurch die Unsicherheit von λ oder ξ sozusagen umgangen wurde.

Geschichtlich interessant ist es, daß dieses von Olbers entwickelte Verfahren in Mädlers großem Werk dargestellt [20] wurde und wesentlich später auch von Neison [18] und Graff [19], ohne daß die beiden letzten mit eigenen Messungen von ihm Gebrauch gemacht haben.

Die hier abgeleiteten äußeren m. F. sind etwas größer als die bei einer ähnlichen Diskussion früher erhaltenen [3, 4]. Damals lagen die verglichenen Stellen nahe den „Alpen", in Längen nahe 0°, so daß die Fehler der ξ sich weniger auswirkten (siehe oben S. 77) als hier, wo die beobachteten Stellen zum Teil schon recht nahe dem Mondrande liegen.

Was kann man — neben dem Katalog — als das Ergebnis der Untersuchung ansehen, beziehungsweise welche Anregungen können gegeben werden?

1. Bei relativen Höhen über 1,0 km genügt die Angabe auf 0,1 km genau. Bei kleineren Höhen sind auch 0,01 km-Werte sinnvoll. Angaben auf Meter genau sind „Dezimalstellenluxus" und zu vermeiden.

2. Die Koordinaten der beobachteten Stellen sollten immer genauer sein als 0,001 Mondradien oder 1", d. h. auf Grund eines mikrometrischen Anschlusses an einen exakt gemessenen Krater abgeleitet sein, und möglichst nicht den vorhandenen photographischen Atlanten entnommen werden.

3. Die Höhenwerte unserer Klassiker sind vorläufig noch sehr wertvoll.

4. Für die Selenologie sind vor allem visuelle Bestimmungen der Höhen von Hügeln, Geländewellen und -brüchen und dergleichen sehr erwünscht. Doch ist gerade hier der mikrometrische Positionsanschluß besonders wichtig.

5. Das Beobachten des Aufleuchtens (Verschwindens) isolierter Punkte (Vorschlag Galilei, Hevel) hat sich schon jetzt als brauchbar erwiesen. In verbesserter Art soll es eine weitere Arbeit darstellen.

6. Über die Genauigkeit relativer Höhen aus photographischen Aufnahmen kann erst beim Vorliegen größeren und ausführlich mitgeteilten Materials ein Urteil gefällt werden.

Literatur

[1] Hopmann, J.: Mitt. Univ. Sternw. Wien Bd. **10**, S. 155 (1960).
[2] Jenkins, L. F.: Gen. Cat. of Trig. Parallaxes, Yale Obs. (1952).
[3] Hopmann, J.: Mitt. Univ. Sternw. Wien Bd. **12**, S. 67 (1963).
[4] Hopmann, J.: Mitt. Univ. Sternw. Wien Bd. **12**, S. 133 (1963).
[5] Kuiper, G.: Photographic Lunar Atlas, Univ. Chicago Press (1960).
[6] Symposium Nr. 14 of the IAU, Academ. Press London (1962).
[7] König, R.: J. N. Kriegers Mond-Atlas, neue Folge, Wien (1902).
[8] Schmidt, J.: Charte der Gebirge des Mondes, Berlin (1878) Textband.
[9] Schrutka, G. und J. Hopmann: Mitt. Univ. Sternw. Wien Bd. **7**, S. 127 (1955).
[10] Saunder, S. A.: Mem. Roy. Astr. Soc. Bd. **60**, Teil 1, London (1911).
[11] Franz, F.: Die Randlandsch. d. Mondes, Nova Acta Leopoldina Bd. **90**, Nr. 1, Halle (1913).
[12] Blagg, M. A. und K. Müller: Named Lunar Formations, Katalog und Atlas, London (1935).
[13] Kuiper, G.: Orthographic Atlas of the Moon, Univ. of Arizona Press (1960).
[14] Atkinson, R. E.: Mon. Not. R. Astr. Soc. Bd. **111**, S. 448 (1951).
[15] Kuiper, G.: Rectified Lunar Atlas, Univ. of Arizona Press (1963).
[16] Baldwin, R. B.: The Measure of the Moon, Univ. Chicago Press (1963).
[17] Army Map Service, Technical Report Nr. 29, Washington (1964).
[18] Neison, E.: Der Mond, 2. Aufl. Verlag Vieweg, Braunschweig (1881).
[19] Graff, K.: Veröff. Astr. Rechen-Inst. Berlin Nr. 14 (1901).
[20] Mädler, J. H. und W. Beer: Der Mond, Berlin (1837).

Druck von Adolf Holzhausens Nfg., Universitätsbuchdrucker. Wien

Petri W.: Katalog der galaktozentrischen Bahnelemente von 353 Sternen der Sonnenumgebung S 12.—

Schrutka-Rechtenstamm G.: Relative Höhenbestimmungen auf dem Monde mittels des Pariser Mondatlasses und visueller Messungen am Fernrohr. S 30.—

Schütte K.: Galaktozentrische Bahnelemente von 1026 Fixsternen in der nächsten Umgebung der Sonne (Teil IV u. V) (mit 4 Abbildungen). S 26.90

Widorn Th.: Lichtelektrische Beobachtungen am 33-cm-Astrographen der Universitätssternwarte Wien (mit 2 Abbildungen). S 10.90

1955 (S II, Bd. 164):

Ferrari d'Occhieppo K.: Direkte Relationen zwischen ekliptikalen, galaktischen und azimutalen Koordinaten. S 39.50

Ferrari d'Occhieppo K.: Die Massen der Delta Cephei- und RR-Lyrae-Sterne (mit 1 Abbildung). S 7.—

Franz O.: Strahlungsenergetische Parallaxen von 400 Doppelsternen (mit 8 Abbildungen). S 90.40

Haupt H.: Eine ungewöhnliche Spektralaufnahme einer Protuberanz am Koronographen (mit 2 Abbildungen). S 5.90

Hopmann J.: Zur Statistik der visuellen Doppelsterne. S 32.—

Schrutka-Rechtenstamm G.: Zur Physischen Libration des Mondes. S 78.—

GPSR Compliance
The European Union's (EU) General Product Safety Regulation (GPSR) is a set of rules that requires consumer products to be safe and our obligations to ensure this.

If you have any concerns about our products, you can contact us on

ProductSafety@springernature.com

In case Publisher is established outside the EU, the EU authorized representative is:

Springer Nature Customer Service Center GmbH
Europaplatz 3
69115 Heidelberg, Germany

www.ingramcontent.com/pod-product-compliance
Ingram Content Group UK Ltd.
Pitfield, Milton Keynes, MK11 3LW, UK
UKHW021930190726
13853UKWH00002B/969